猫小姐的手工盒

开心 著

出发

耶~

重庆出版集团　重庆出版社

图书在版编目（CIP）数据

猫小姐的手工盒 ／ 开心著. —— 重庆 ：重庆出版社，
2011.9
ISBN 978-7-229-04544-9

Ⅰ．①猫… Ⅱ．①开… Ⅲ．①布料－手工艺品－制作
Ⅳ．①TS973.5

中国版本图书馆CIP数据核字(2011)第195870号

猫小姐的手工盒
mao xiaojie de shougonghe

开心 著

出 版 人：罗小卫
出版策划：重庆天健卡通动画文化有限责任公司
责任编辑：邹 禾 刘 倩
责任校对：何建云
版式设计：开 心 冰糖珠子
封面设计：冰糖珠子

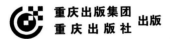

重庆长江二路205号 邮政编码：400016 Http：／／www.cqph.com
重庆新生代印易数码印刷有限公司 制版
重庆豪森印务有限责任公司 印刷
重庆出版集团图书发行有限责任公司 发行
E-mail：fxchu@cqph.com 邮购电话：023－68809452

全国新华书店经销

开本：787mm×1 092mm 1/16 印张：9.25
2011年11月第1版 2011年11月第1次印刷
ISBN：978-7-229-04544-9
定价：32.80元

如有印装问题，请向本集团图书发行有限公司调换：023-68706683

目 录

目 录

☀ 家庭成员 ☀

体型大，模样帅气，毛发蓬乱。叫声很像绵羊，由于没脾气，不记仇，而常常被happy没玩没了地折腾，是个单纯可爱的小朋友。有严重的多动症，喜欢随手把桌面的东西拨到地上。无聊的时候会突然对豆豆、黑子发动攻击，还有就是喜欢陪人上厕所。

花脸

姓名：花脸
性别：男
地位：平民
性格：单纯简单、傻乎乎、很好相处

超级可爱的肉包子，萌死了，但完全不亲人，讨厌被人抱，容易发火，脾气大、不好惹。豆豆每天吃得饱，睡得好，坚持晒太阳，有良好的卫生习惯。平时很温顺，一闻到肉味马上变得异常凶猛。不喜欢运动，很擅长抓苍蝇。

豆豆

姓名：豆豆
性别：女
地位：不受管制的游民
性格：能吃、易怒、不好惹

黑子

姓名：黑子
性别：女
地位：家里至高无上的大公主
性格：忧郁、害羞、粘人

身体软得像棉花糖，摸上去超舒服，智商很高，和花脸、豆豆完全不是一个等级。优雅又高贵，从不参与去抢肉吃这种不雅的活动，喜欢狭窄黑暗的角落。情感丰富，敏感，对happy过分依赖，嫉妒心强，每天都要happy深情款款地对它说数遍"最爱你了""你最乖了""黑子最美"……

姓名：happy
性别：女
地位：保姆
性格：善良、美丽、勤劳大方（哇哈哈哈）

普通的上班一族，爱好拍照，玩猫，手工和画画。04年捡到一只小猫，起名叫"黑子"，从此开始了和猫一起的快乐生活。标准的巨蟹座性格，满脑子的稀奇古怪的想法，却缺乏行动能力，擅长自我安慰，每天以折腾花脸为乐。

开心

基础教程

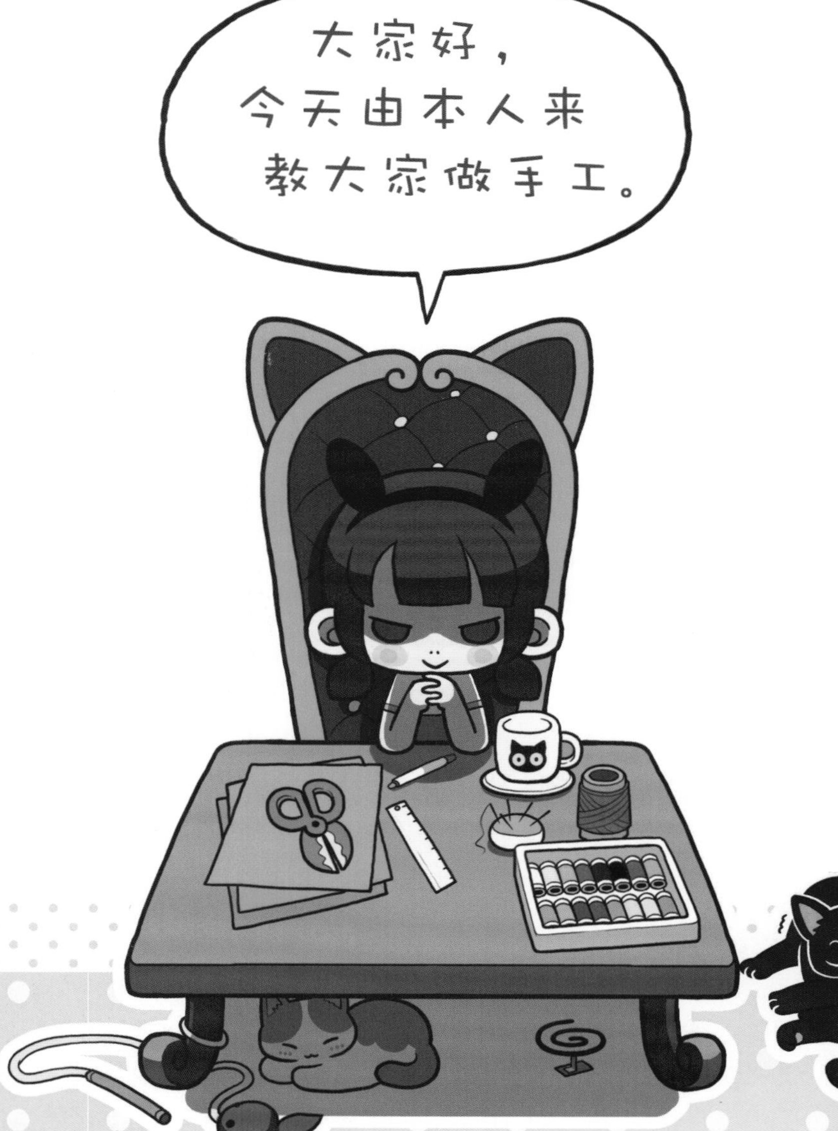

基础教程

首先

1.准备材料

不织布

也叫"毛毡"。这种布最大的特点就是布边不会开线，不用锁边，加上颜色丰富，质地厚实，特别受手工爱好者的喜爱。

各种漂亮的棉布，蕾丝花边，纽扣，等等。

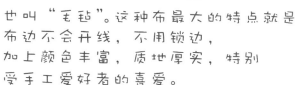

2.常用的工具

剪刀，针线，镊子，棉花，铅笔和直尺。

这里特别介绍两样
很好用的工具

水消笔

用于缝前在布上画图样
做记号，非常神奇的地方
就是遇水就自动消失
不留痕迹。

（还有一种叫气消笔，画出来的
笔迹过一段时间就会消失。）

来来来，
给你画个
烟熏妆。

还有一个要隆重
推荐的手工史上
最好用的
手工利器！

你可以用它来固定各种
东西，非常方便，唯一
要注意的就是不要烫
到自己！！

哇！

笨样

热熔胶枪

配合胶棒一起使用

下面到了最重要
的地方了

平针缝

用来缝虚线的

仔细看哦

3 常用缝法

锁边缝

不织布最常用
的缝法

横平缝

用线来缝块面
比如鼻子眼睛

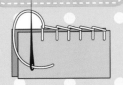

4

基础教程

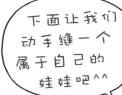

下面让我们动手缝一个属于自己的娃娃吧^^

ok

1.准备工具

长官，都准备好了

工具都准备好了吗？

不织布，剪刀，针线，水消笔，棉花

2.准备图样

图样准备好了吗？

Yes Sir!

3.拷贝图样

将剪好的实物纸型放于布上描绘，再将布剪下。

也可将纸型压在布上直接剪下。

全部剪好的布样身体和头是双份

4.缝合

（1）准备针线开始

（2）把娃娃的五官缝好，正反头和身体缝好

正　反

（3）把正反两面缝合

（4）最后留小口，塞棉花缝合。完成！

大功告成

厉害吧　嘿嘿

呆样

突然屋里一片漆黑……

END

黑子教你做　可爱的
小鸡杯垫

★ 可爱的小鸡杯垫

不织布 花边木扣 麻布

啾啾~

happyeveryday

杯垫

麻布搭配木质纽扣，
搭配白色花边，
发挥你的想象
来搭配吧~

★ 材料准备 ★

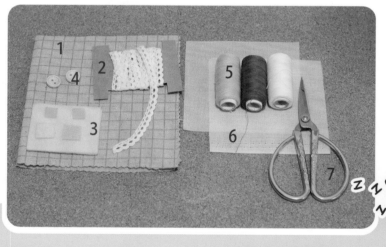

1. 格子麻布13cm×13cm 4片

2. 白色花边60cm

3. 黄色不织布用来做小鸡的身体，
   橘色的用来做嘴巴，
   粉色和蓝色的用来做小鸡的皇冠。

4. 木质纽扣2颗

5. 浅棕色和深棕色、白色的线

6. 白色衬布夹在2片麻布中间

7. 剪刀

开始动手吧！

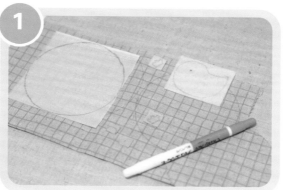

1

描边

1. 用水消笔在布上
分别描好裁剪线。

2

剪裁 2. 沿裁剪线剪下各部分，慢慢剪，
保证型的准确。

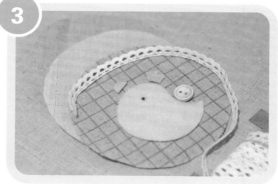

3

3. 剪好所有的部件，按照图样位置摆放好，
这时候大效果就出来了，可以看看颜色
搭配是否和谐。

4

4. 用直平缝的缝法，把小鸡身体、鸡嘴、皇冠
缝在布上。

5

5. 杯垫正面图案全部缝好的样子。

6．把木扣子缝在布上。

7．沿着水消笔的印迹，
把字母"L""v""e"分别缝好。

8．沿着边把花边缝上。

9．在最后用两层格子麻布夹着一层衬布，
用锁边缝的缝法把原边缝好。

10．用棉棒沾上腮红，
轻轻点在小鸡的脸上，完成啦~~
★用同样步骤制作粉色皇冠的小鸡杯垫。

休息一下吧～

伦家是超人喵

我们一起玩嘛！ 哈 哈 哈 哈

14

花脸教你做 可爱的
小动物绕线器

★ 小动物绕线器

不织布 铜搭扣

绕得我
头晕晕

呼~

绕线器

用不织布制作一款
可爱小动物样式的绕线器~

★ 材料准备 ★

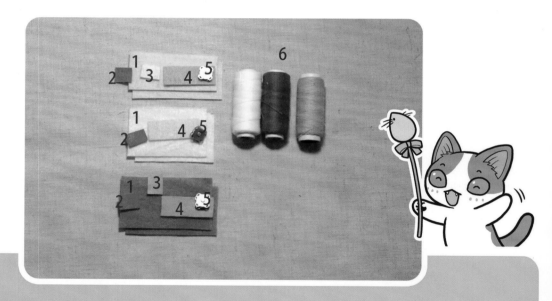

1. 浅粉红、白色、咖啡色布各2片(动物身体)。

2. 蓝色方块1片,红色方块2片(动物鼻子)。

3. 白色方块1片,土黄色方块1片(动物耳朵)。

4. 粉红、浅蓝、土黄色长条布各1片(用作背面扣带)。

5. 磁铁扣3套。

6. 粉红色、咖啡色、白色的线。

1. 描边。
   用水消笔在布上分别描好裁剪线。

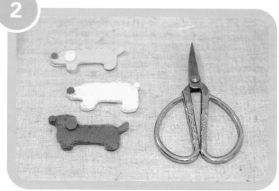

2. 剪裁。
   沿裁剪线剪出三只动物的各个部位，
   身体要剪成相同大小的两片。

3. 把狗狗的五官缝到身体上，
   不同部位要用相对应的色线来缝。

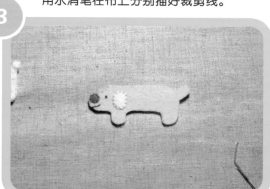

4. 在另一片身体的后半部缝上磁铁扣的一半。

5. 再在细长方的布上缝上另一半磁铁扣，
   就完成了一个绕线器的所有部件。

6. 把都带有磁铁扣的小布条和身体部件缝到一起。

7. 用锁边缝法把两片身体缝在一起。

叮咚

耶~

8. 一个精美可爱的小狗绕线器就做好了，另外两个款式制作方法同理。

豆豆教你做 可爱的
圣诞手机挂坠

www.Simplemill.cn

happyeveryday

好
冷

手机挂坠

打造圣诞风情的超可爱造型。

★ 材料准备 ★

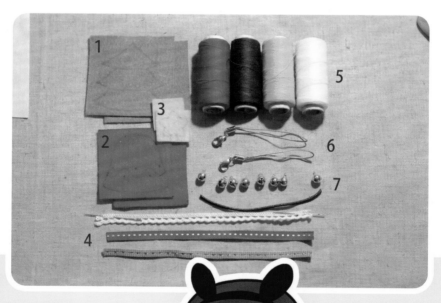

1. 绿色不织布2片。

2. 红色不织布2片。

3. 黄色不织布2片用来做星星。

4. 白色蕾丝1条，
   红色、绿色花边各1条。

5. 红色、墨绿色、黄色、
   白色的线。

6. 带扣子的挂绳。

7. 铃铛8个和1小段皮条。

圣诞树

1．剪出铃铛、星星和圣诞树的造型，用花边拼出两个蝴蝶结。

2．用线把铃铛缝到圣诞树上。

3．用热熔枪把蕾丝粘在树上。

4．三层粘好之后的效果。

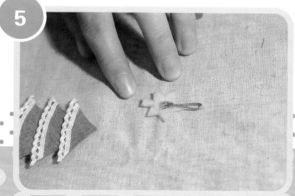

5．在星星上粘一个线圈，用作挂钩。

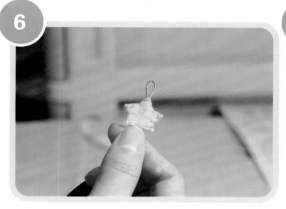

6. 把两片星星缝起来，线圈夹在中间。

7. 再将星星夹在两片圣诞树中间，一起缝上。

8. 加了星星的圣诞树效果。

9. 把蝴蝶结缝在树顶和星星之间。

10. 最后钩上挂绳，精致的圣诞树手机挂件就大功告成啦!

小铃铛

1. 铃铛版本同理，
把小铃铛用线缝到
大铃铛下面。

2. 用黄线沿着铃铛上画好的图案
缝成铃铛上的花纹。

3. 用热熔枪把蕾丝边粘到大铃铛
底部边缘。

4. 把线圈夹进两片大铃铛的中间。

5. 最后缝上绿色的蝴蝶结，完成！

happy教你做　可爱的

小蜜蜂别针

★ 小蜜蜂别针

不织布 水玉点麻布 蕾丝

好乖
好乖~

摸摸~

happyeveryday

蜜蜂要采蜜啦，赶快把它们
别到喜欢的衣服和包包上吧！

★ 材料准备 ★

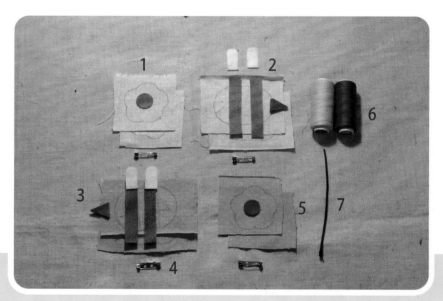

1. 粉红色方块布，红色圆点是花蕊的材料。

2. 2块粉红色长方布，2片白色小布作翅膀，
   桃红长条是蜜蜂身上的花纹，
   咖啡色三角是尾巴。

3. 另一只小蜜蜂的材料。

4. 金属小别针。

5. 另一朵小花是橙色方块布，咖啡色圆点。

6. 粉红和咖啡色线卷各1个。

7. 小皮绳1段。

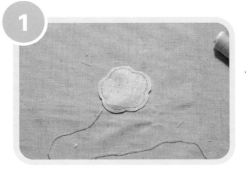

1．沿裁剪线剪出形状，
注意剪口要离开黑线。

2．沿裁剪线把两片花瓣缝上，
留一个小口，用作翻过来和塞棉花。

3．将花朵翻过来，
然后往里面塞少量棉花。

4．把花心缝到花朵的中央，
然后把花朵的口子封上。

5．然后用粉色的线把5朵花瓣勒出来。

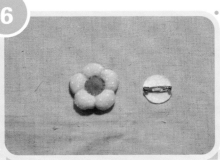

6．把别针缝在圆形不织布上。

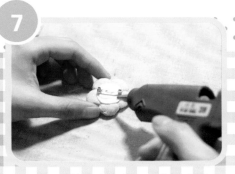

7．用热熔枪把卡纸粘到小花的背面。

35

1. 把桃红色长条缝到身体上。

2. 把尾巴如图位置缝好，为什么要反着缝？
一会儿就知道了。

3. 继续把翅膀和小皮绳也缝到身体上。

4. 把身体翻过来，和另一片身体缝到一起，
记得在屁股下方留个缺口用来塞棉花。

5. 剪掉多余的部分。

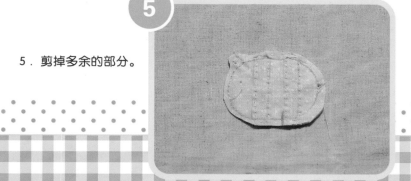

6. 从留下的缺口处把蜜蜂的身体部分向外翻出，
往缺口处塞入适量的棉花作为填充，
再将缺口缝上，小蜜蜂完成啦。

今天我去上厕所的时候，
看到令偶难忘的一幕……

怎么会这样

怎么会这样

怎么会这样……

你为什么要喝马桶的水！！！

黑子教你做 可爱的
云朵书签

★ 云朵书签

不织布 毛布 皮绳

happyeveryday

毛绒绒的云朵和水滴书签,
随时提醒你书看到什么地方了。

★ **材料准备** ★

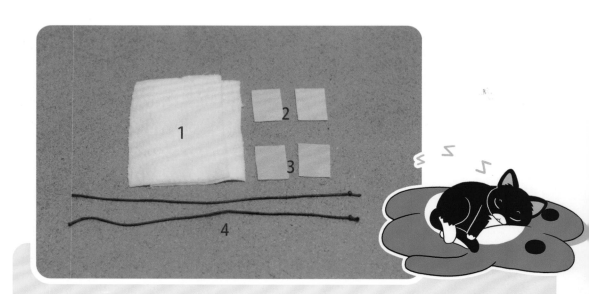

1．2大块白色绒布。

2．2小块粉色不织布,做粉色雨滴。

3．2小块浅蓝色不织布,做蓝色雨滴。

4．2长条皮绳,用来做云和雨滴的连接。

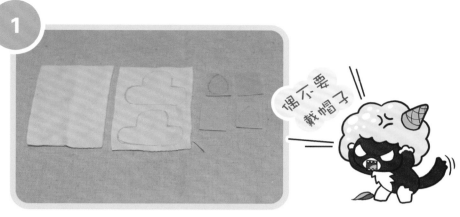

云朵

1. 用水消笔在布上描出云朵和雨滴的形状。

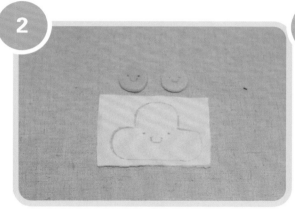

2. 把雨滴按描线剪好，云朵只需要剪出方框。

3. 先把脸用咖啡色的线缝好。

4. 把两片绒布叠起来，缝云朵的外轮廓。

5. 缝好的样子，留一小段不要缝，从小缺口翻出正面。

43

6．往云朵里塞适量棉花。

7．再将小皮绳也插进云朵里。

8．把云朵的开口缝好。

9．在皮绳的另一头将小雨滴缝上去。

10．用棉棒沾上腮红，
轻轻点在云朵的脸上，
完成啦~
（用同样步骤制作粉色版本的
云朵书签。）

豆豆吐毛球了

小可怜

咋吧 咋吧

什么声音……

花脸你……

嘿 嘿

花脸在吃豆豆的呕吐物耶～

耶～

给老娘吐出来！！

天哪

豆豆教你做 可爱的
动物造型卡套

动物造型卡套

不织布

看嘛~看嘛~

卡套

青蛙君把我的卡藏哪儿了?!
哦，原来它把卡放在背上了。

★ 材料准备 ★

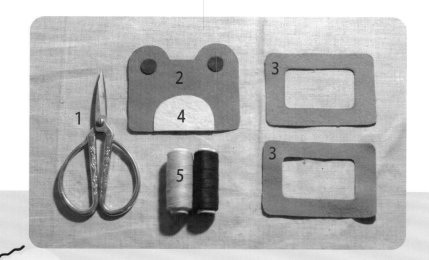

喵~

喵呜~

1．小剪刀1把。

2．青蛙头绿色不织布2片。

3．背面2片相同的挖空形状。

4．米白色半圆形不织布(肚子)。

5．土黄色和墨绿色线卷。

1．用土黄色线把肚子
　缝到绿色布上。

2．再把墨绿色的眼睛缝上去。

3．用粉色线做腮红，
　墨绿色线做鼻子嘴巴。

4．把两片中间挖空的布用锁边法缝在一起。

5．将准备好的各部件放在一起，
　把青蛙头的两片布用锁边法缝好。

6．用夹子把框和青蛙头固定好，
　然后将两个部分用锁边法缝在一起，
　记得留一个插卡的口。

7．最终效果。

51

1. 用热熔枪把鼻子固定在脸上，然后用对应颜色的线缝好。

2. 眼睛同理。

3. 腮红用红色线缝。

4. 耳朵内圈用直平法缝，外圈两层用锁边法缝。

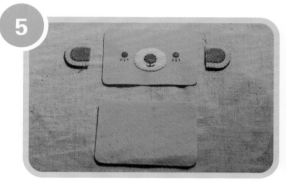

5. 把各部件放在一起，检查有否遗漏。

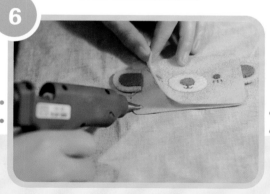

6. 用热熔枪把耳朵和两层脸部固定好。

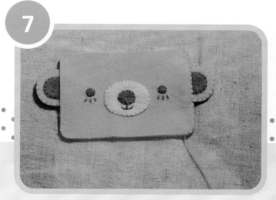

7. 用锁边法把脸和耳朵缝好。

8. 把两个镂空的框用锁边法缝在一起。

9. 用夹子把脸和框夹好固定，
然后缝起来，记得留一个插卡口。

10 . 11 .
最后完成效果。

花脸教你做 可爱的
面包兄弟

happyeveryday

面包

面包三兄弟,高矮胖瘦各不同,
你们围着一个熊猫饼干干嘛!

★ 材料准备 ★

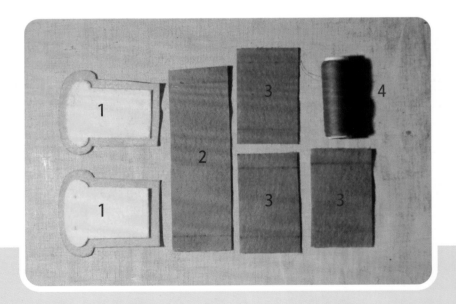

1．面包皮用土黄色,面包心用肉色不织布。

2．咖啡色长条不织布。

3．较短的3块咖啡色不织布。

4．深咖啡色线卷1个。

1．把面包皮和面包心用直平法缝在一起。

2．缝出眼睛和嘴巴的造型。

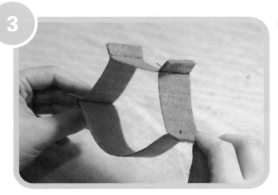

3．把四条咖啡色不织布按如图缝好。

4．翻过来的效果。

5．按照长度把面包的厚度缝到面包切面上。

6．缝好一边的效果。

7. 把另一边的切面也缝上，
　 记得留个小口塞棉花。

8. 塞进大量棉花充实面包，
　 最后缝上缺口即可。

9. 饼干上预先画好熊猫头的图案和凹点位置。

10. 饼干周边用锁边法缝合，
　　 留出塞棉花的位置。

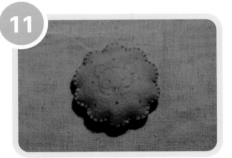

11. 塞上棉花，缝合缺口。

12. 穿过整个饼干，把凹点固定，
　　 做成凹凸感。

13. 同样方法，穿过整个饼干，
　　 把熊猫图案缝上。

14. 最终完成效果。

每个月总有
那么三十几天
不想上班

★ 可爱的小鸡挂包

不织布 花边木扣 圆点布 拉链

小鸡肚里能撑船

happyeveryday

挂包

精致可爱的小鸡挂包,
把喜欢的东西都放进去吧!

★ 材料准备 ★

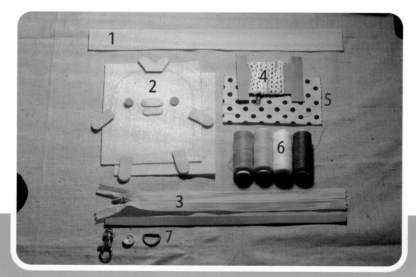

1．浅黄色不织布长条,用来做包包的厚度。

2．浅黄色身体、浅蓝色眼睛、橘黄色嘴、
   手脚、头发。

3．粉色拉链1条。

4．蕾丝花边1段。

5．粉色黑点布料1块。

6．橘色、黄色、白色、蓝色线卷各1个。

7．皮带一条,金属铜扣1个,
   木质纽扣一颗,金属铜圈1个。

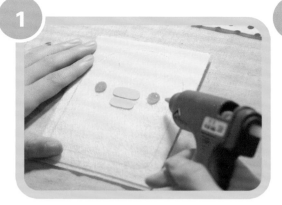

1．用热熔枪把嘴巴、眼睛固定。

2．沿裁剪线剪出身体形状。

3．把眼睛和嘴巴缝起来。

4．把黑点布用热熔枪固定在小鸡身体上。

5．剪掉黑点布的多余部分，
再缝上蕾丝边和木质纽扣。

6．分别把手脚和头发两两缝好。

7．把手脚和头发按图上位置
　缝在身体上。

8．缝好后翻过来看看。

9．效果图。

10．按照图上位置，把长条对齐小鸡身体
　　的边缘，用别针固定。

11．每条边都要用别针固定好。

12．用线把边缘牢牢缝稳。

13．缝好后翻过来的效果。

14．把拉链缝在头部位置。
　　(同样要用别针固定)

15．用一段黄布把铜圈包上。

16．包包侧面效果。

17．把铜圈和黄布插到中间缝好。

18．包包的背部也用别针固定位置，
　　然后缝好。

19．把整个包包翻过来，效果如图。

20．把木质纽扣缝到
　　皮带的一端。

21．另一端缝上铜扣。

22．把木纽扣一端搭过来缝上。

23．把完成的小鸡包和手绳都准备好。

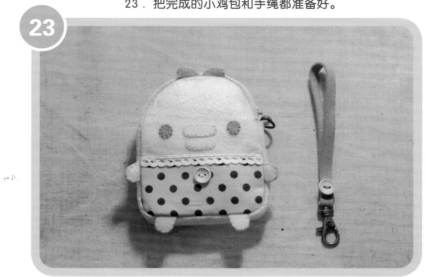

24．大功告成啦！！

花脸教你做 可爱的

青蛙绿茶饼

★ 青蛙绿茶饼

不织布

Green tea Cookie

看！
屁屁～

呜哇
呜哇

饼干

哇哈哈哈，青蛙君~
要被我做成饼干吃掉啦!

★ 材料准备 ★

1. 青蛙形黄绿色不织布2片和
   4片深绿色小眼睛。

2. 浅黄色半圆形2片，作为肚皮。

3. 3段墨绿色长条是饼干的厚度。

4. 2片绿色不织布剪成叶子形状。

5. 墨绿色和土黄色线卷各1个。

1．用热熔枪把眼睛和肚皮固定在身体上。

2．用对应颜色的线把眼睛和肚皮缝好，再把眼睫毛、嘴巴、鼻子缝出来。

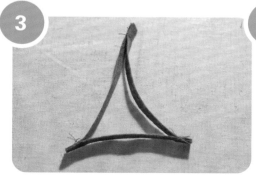

3．把三段墨绿色的长条按图上位置缝上。

4．翻过来，成为如图效果。

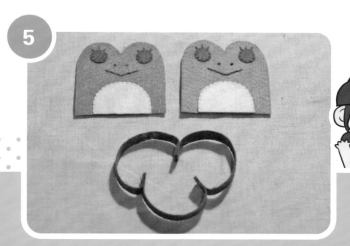

5．所有素材齐备。

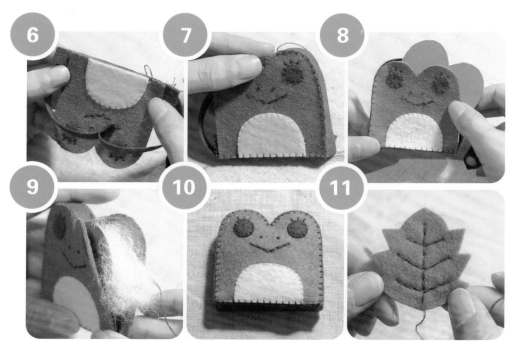

6 . 把对应长度的长条缝在青蛙的周围，
    固定好。

7 . 用线把厚度缝牢。

8 . 另一个青蛙先只缝一半，然后把相同形状的
    硬纸卡塞两张进去。

9 . 然后在两张硬纸卡之间塞满棉花，
    最后把整个青蛙缝好。

10 . 最终效果。

11 . 把两片叶子叠起来，
     然后把叶脉缝出来。

12 . 最后用锁边法把叶子周围缝好。

13 . 可爱的青蛙绿茶饼就完工啦！！

休息一下吧～

人家只想一个人
安静地拉个屎……

黑子教你做 可爱的 巨无霸汉堡

★巨无霸汉堡

不织布

美味啊~

汉堡

用不织布做出不同的食材，
组合成可爱的巨无霸汉堡。

★ 材料准备 ★

亲我一
下，就给你
吃肉

嘿嘿

1．咖啡色和浅咖啡色不织布做上下层的面包片。

2．米白色和黄色不织布做煎蛋。

3．橙色和红色不织布做西红柿薄片。

4．咖啡色不织布做肉片。

5．浅绿和深绿色不织布做蔬菜。

6．橘黄色和黄色不织布做芝士片。

7．1条长长的咖啡色不织布条，
用来做肉片的厚度。

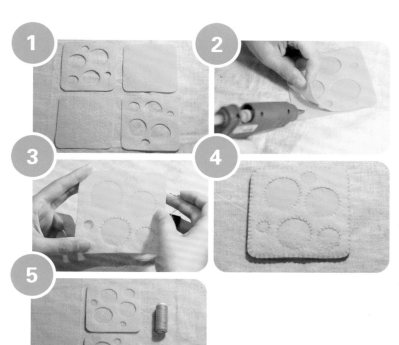

1. 芝士的材料一共4片，
   两片橘黄色，两片黄色。

2. 用热熔枪把两片固定
   起来，方便缝的时候不
   会错位。

3. 两两粘好，然后用橙色的
   线来缝。

4. 把每一个洞洞用直平
   法缝好。

5. 然后把4片叠起来用
   锁边法缝在一起。

肉片

1. 肉片需要的材料：两个圆片，
   （上面画了格子）；一个长条；
   咖啡色的线。

2. 将圆片和长条用锁边法缝起
   来，留一个缺口用来塞棉花。

3. 把适量棉花塞到里面，
   让肉饼稍微有点鼓就可以了。

4. 用线按照格子的位置前后穿
   过整块肉片缝出纹路。

5. 最终完成效果。

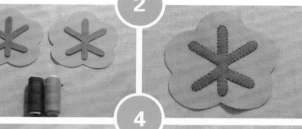

蔬菜

1. 蔬菜的材料是叶脉和
   叶子各两片，还有浅绿
   和墨绿的线卷。

2. 把叶脉用直平法缝在
   叶子上。

3. 然后把两片带有叶脉的叶子
   用锁边法缝在一起。

4. 最终效果。

煎蛋

1. 煎蛋的材料如下,蛋黄
   只需要一片，眼睛是两片
   咖啡色不织布，橙色、粉色、
   咖啡色、米黄色线卷各一。

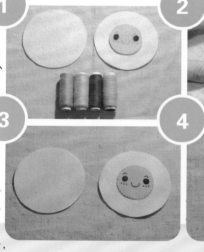

2. 用热熔枪把蛋黄、
   眼睛、蛋白固定好。

3. 然后用直平法把各部件缝好，
   最后缝上嘴巴、眉毛、腮红。

4. 用线按照格子的位置前后穿
   过整块肉片缝出纹路。

5. 然后把两片蛋白用
   锁边法缝在一起。
   完成！

1. 番茄片材料如下:
   两片橙色圆形不织布, 两片红色带镂空的圆形不织布。
2. 用热熔枪把两片固定好。
3. 用直平法把内圈的所有心形跟橙色布缝在一起。
4. 然后把4片叠起来用锁边法缝牢。

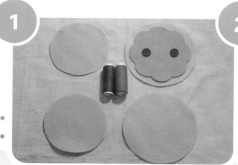

1. 面包片材料如下:
   两个小圆片, 两个大圆片,
   一个花形圆片是脸,
   两个超小的深咖啡色圆片是眼睛。

2. 把大圆、花形、眼睛对好位置,
   用热熔枪固定并且缝好。
   再加上眉毛和嘴巴。

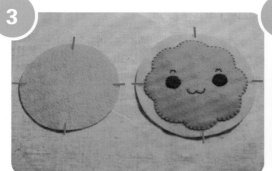

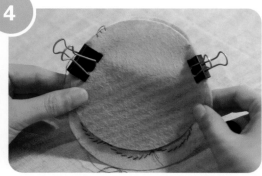

3．一大一小两个圆片组成一片面包，用记号笔标出平均四份的点。

4．这里最讲技巧了，要把不同大小的两个圆形缝合，这里先缝四分之一。

5．慢慢把大圆和小圆缝起来，大圆缝的时候会皱起来，这样才能做出立体的形状。

6．留一个缺口，放一张和小圆一样大小的硬纸卡进去。

7．把硬纸卡放在最底下，然后塞进大量棉花，把面包内部充满。

8．最终完成效果。

为神马

最近我觉得
我不是很对劲……

为神马
我有一种
淡淡的
忧伤
感觉~

无能为力
的消极
状态

明明很累
却难以
入睡

感觉
很孤独

巨型
郁闷鬼

我这是
怎么了

豆豆教你做 可爱的
爱心手机

★ 可爱的爱心手机

不织布

happyeveryday

手机

赶快拿起可爱的爱心手机打个电话
给喜欢的人吧!

★ 材料准备 ★

好乖
好乖~

摸摸~

1．粉色心形2片，圆角长方形1片，桃红机身1片。

2．耳朵4片，咖啡眼睛2片，红色小方块1片，
　　粉色心形1片，桃红机身1片，
　　略小于机身粉色1片。

3．机身形状硬纸卡4张。

4．翻盖连接用方块1片。

5．各种按钮1堆,桃红机身1片,
　　略小于机身粉色1片。

6．桃红机身1片。

7．红色和深咖啡色线卷各1个。

8．桃红长条2条。

1. 先把所有小配件都用
   热熔枪固定好，以防丢
   了一两个。

2. 用直平法把配件一一
   缝好。

3. 按钮的间距要严谨，
   不然就不好看了。

4. 两个面板缝好之后的
   效果。

5. 把这两片心形用锁
   边法缝起来，留一
   个缺口用来塞棉花。

6. 心形最终效果。

7. 正面面板缝上自己
   的名字作为手机的
   商标。

8. 把心形用热熔枪固定
   在面板上。

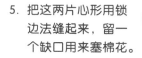

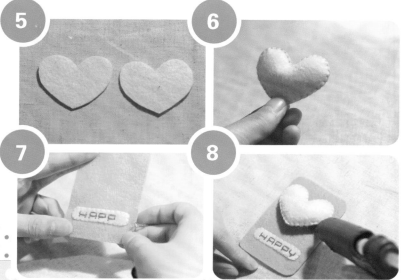

9

9．把耳朵两两缝上，再固定在面板上。

10

10．把厚度缝到面板上。

11

11．把硬纸卡放到每个面板上。

12

12．检查一下硬纸卡有没有很好地
支撑住面板。

13

13．硬纸卡最好比不织布小一圈，
方便缝的时候针扎不到硬纸卡。

14

14．最后塞进棉花，缝上缺口，完成！
（花脸你又趴在我桌子上）。

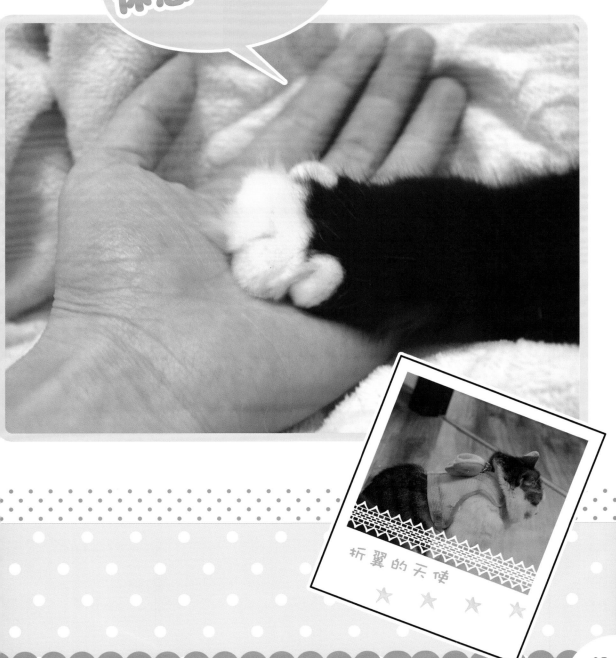

happy教你做 可爱的
圣诞钥匙扣

★ 圣诞钥匙扣

不织布 皮绳 钥匙

Merry Christmas ♡

圣诞快乐~

钥匙扣

充满圣诞气氛的钥匙扣，
有它在就一定不会忘记带钥匙啦。

★ 材料准备 ★

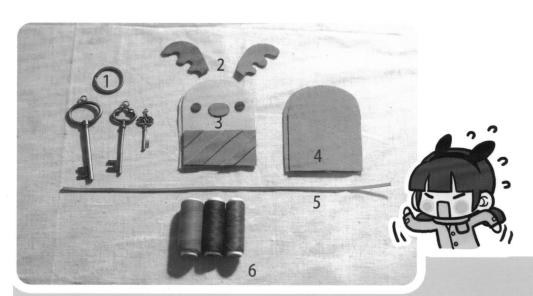

1. 大中小钥匙加1个钥匙扣。

2. 鹿角，一共4片。

3. 浅咖啡色身体2片，深咖啡色眼睛2只。
   红色鼻子1个，绿色方块1个，红色斜纹3片。

4. 咖啡色身体2片。

5. 长长的皮绳1段。

6. 红色、墨绿色、咖啡色线卷各1个。

1.用热熔枪把红色条纹
　固定到绿色方块上。

2.然后把整块绿色粘到
　身体上。

3.眼睛鼻子也用热熔枪粘好。

4.用对应颜色的线把所有部件缝好。

5.鹿角两两缝好，然后用热熔枪
　粘到身体上，位置如图。

6.各部件最终效果。

7.把两片深色身体缝一起。
　两片浅色的缝一起，起到加厚作用。

8．把钥匙，钥匙扣和皮绳串在一起，
　　然后夹到深浅两种身体中间。

9．把四片身体一起缝起来。

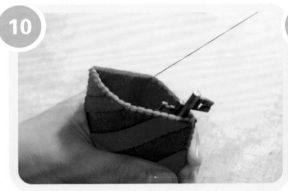

10．最后把底部缝好。

11．可爱的钥匙扣就完工了！！

哼哼哈嘿

左右摇晃

虽然是蛮暖和的，没错，但是……

豆豆教你做 可爱的
动物钱包

★ 可爱的动物钱包

不织布 魔术贴

HELLO
my Favourite
Friends

喂饱偶

钱包

小猫一卷，就把零花钱全部
卷到肚子里了，想拿就要
有礼貌地经它首肯。

★ 材料准备 ★

1. 橙色、咖啡色长方形不织布各1片。
   咖啡色三角2片，圆形1个（耳朵和鼻子），
   浅蓝色小圆点2个（眼睛），
   米白色圆形1片（嘴巴周围）。

2. 魔术贴1组。

3. 浅蓝色、土黄色、咖啡色线卷各1个。

1.用热熔枪把鼻子眼睛
嘴巴都固定在身体上。

2.沿辅助线剪开两个小缺口。

3.把耳朵插进去。

4.用直平法缝好各部位，耳朵只缝插口处，
尖尖两边不用缝。
然后在身体边缘画出一圈辅助线，
用于缝边缘的时候参考位置。

5.把身体折两下，
钱包的基本造型就出来了。

6. 固定好魔术贴的位置。

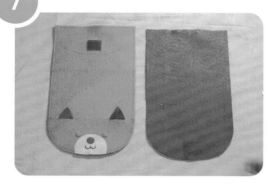

7. 把两片魔术贴缝在上图相应的位置。

8. 把橘色和咖啡色的两片不织布粘合起来。

9. 把钱包折起来，用线把边缘缝起来。

10. 注意正面的针脚距离要平均，
    不然就不够美观了。

休息一下吧～

胖子的背影

我的新帽子

你看你把我挤得

花脸教你做 可爱的
小熊和小鸡发饰

★可爱的小熊和小鸡发饰
不织布 花边木扣

happyeveryday

小熊

小熊和他的好朋友小鸡，
旁边还放着他俩最喜欢
的草莓蛋糕。

★ 材料准备 ★

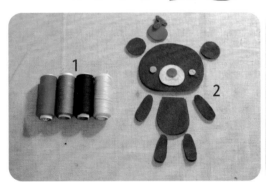

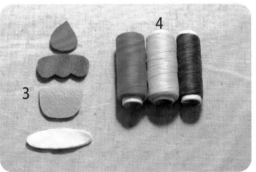

1. 红、蓝、咖啡、米色线卷各1个。

2. 除了脸上的部件，
   其他各部件都要一式2份。

3. 蛋糕的各个部件都要一式2份。

4. 红色、米色、咖啡色线卷各一。

5. 咖啡、橘黄、红色线卷各一。

6. 小鸡的各个部件都要一式2份，除了嘴巴。

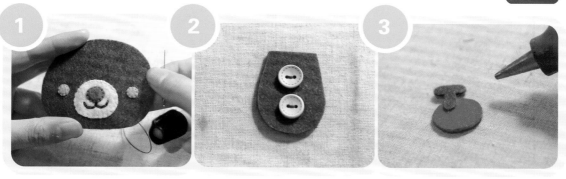

1.用直平法把脸部缝好。　　2.在胸口上缝两颗木质纽扣。　　3.用热熔枪把苹果梗固定。

4.把耳朵、手、脚两两缝起来。

5.把所有部件组合起来，
　用热熔枪固定一下。

6.把头缝起来，留个缺口塞棉花，
　然后缝上。

7.身体同理，塞完棉花之后再封闭。

8. 用热熔枪把小鸡的嘴固定在头上。

9. 用不同颜色的线缝上眼睛、腮红。

10. 把手脚、头发用热熔枪固定在身体上。

11. 塞上棉花，然后缝好。

手脚头发很小
别把胶水弄到手上

蛋糕

12. 把各个部件用热熔枪固定位置。

13. 用锁边法缝好。

14. 蛋糕和碟子分别缝好。

15. 最后粘到一起。

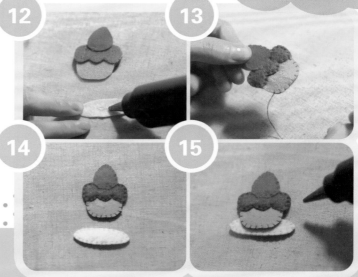

16. 拿出准备好的别针，用热熔枪把别针粘在小熊的背后。
　　这样小熊别针就完成啦！

17. 用一块方形的小不织布，包住头绳粘在小鸡的背后。
　　这样小鸡头绳就完成啦！！

黑子教你做 可爱的
可口草莓蛋糕

★ 可口草莓蛋糕

不织布 彩带

蛋糕

哇，这么可爱的草莓蛋糕！
好想吃啊！
不过别忘记这是不织布做的，
可不能吃哦~

★ 材料准备 ★

1.2片绿色叶子(草莓的叶子)。

2.2片半圆形红色白点布料(草莓)。

3.2片白色圆形不织布(蛋糕的表面和底部)。

4.20片橘黄色长方块不织布(蛋糕周围的蛋卷)。

5.白色线卷1个。

6.齿轮形不织布1片(奶油造型)。

7.白色长条不织布1片(蛋糕厚度)。

1. 一片叶子和一片半圆布料是一个完整草莓所需要的材料。

2. 把布料翻过来，对折缝住边缘。

3. 翻过来成为一个锥形。

4. 把圆边用线串起来，不要勒太紧，要有点波浪形。

5. 塞进棉花，然后把口子勒紧打结。

6. 把叶子用热熔枪粘到草莓的封口上。

7. 草莓完成效果。

8. 奶油所需的形状。

9. 依次穿过每个红点把每片串起来。

10. 把所有尖尖勒起来，效果就出来了。

11. 蛋卷的材料。

12. 横向卷起来，
在边缘用热熔
枪粘牢。

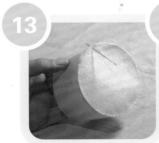

13. 把蛋糕的三个部位缝起来。

14. 留出一个缺口。

15. 塞进棉花。

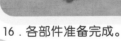

16. 各部件准备完成。

17. 在蛋糕周围粘上蛋卷。

18. 把草莓和奶油粘到蛋糕表面。

19. 最后绑上丝带，
可爱的蛋糕就完成了！

感谢您对HAPPY 的支持

下次再见啦~